Une

生活可以簡單又有質感

人生時間有限
每一天都要過得自在與美好

（《有氣質的簡單生活》新修版）

加藤惠美子
Emiko Kato

黃薇嬪——譯

Une Bonne Vie

前言

Introduction

本書實際上是由二〇〇〇年六月於日本發行的《更美好的良質生活》，以及二〇〇六年九月出版的《優質生活》所修改增減而來的第三版。同樣是給希望擁有美好、優質人生的人們的實踐指南。

如果出版第一版的目的是反襯日本泡沫經濟時代，第二版則是更直接地點出作者所提倡的「生活與人生的品質」。到了第三版，則是強調「擁有少量且優質物品的生活」，把焦點擺在「簡單」與「高品質」的生活上。

現代人普遍追求的生活風格是休閒與簡單。許多人希望以自己的獨特個性為這份簡單增添特色。儘管每個人都在追求清爽沉穩的生活感，卻仍在摸索具體的方向。這是由於日本人對於美的標準很高；例如使冰箱中空無一物這種的簡單，並無法滿足我們。

少了紋樣裝飾的漆器，可以藉由上漆的次數讓人們感受其深度。優質又簡單的空間，少不了牆壁、地板、門的細節，以及謹慎與仔細的收納方式。簡潔的物品更不容許敷衍了事；缺乏裝飾、極簡的物品，更需要講究質感。

不管是觸摸物品的材質或者用眼睛看，都可以感受到一項物品的品質高低。尤其是素色，一眼就能看出好壞。外型也是；形狀單純的物品究竟是優雅美麗或是無趣，立見分曉。那麼，好與不好的決定性關鍵是什麼呢？正是「細心」。

也就是說，即使外型簡單，製作細心的物品自然美麗又充滿魅力。仔細想想，人際關係也是如此不是嗎？細心的應對、合宜的舉止，都能夠帶給對方安定與安心感。不管是人、物品，或是空間，想要從不誇張的低調之美中感受到優質，細心都存在於其中。

不管是物品、時間，還是人品，只要能從其中的本質去觀察，就會發現它們都是奠基於相當單純的原則之上。只要是能夠滿足該原則的東西，必然會既美麗又有品格。而這個原則就是「待人處事細心」。某種程度上，這正是「優質」的意義。

這也就是說，那些優質的東西，皆是源自於細心的對待。它們作為成果，也就體現在那些美麗且無與倫比的奢侈物品、時間與空間上。

本書也會提到，優質的物品能夠打造出優質的居住空間，而優質的居住空間將會讓住在裡面的人們行為隨之變得優質。

各位若能因為這本書，讓自己的存在方式與外在都變得更美好，將是筆者的榮幸。

——加藤惠美子與編輯部

Contents

Chapter

2.

Chapter 3.

069 擁有少量的優質服飾

Chapter 6.

Chapter 7.

Chapter

1.

優質物品
奠定優質生活

優質物品能打造出優質生活

一般而言，人們多半認為優質物品是指高級品或奢侈品。但是，高級品或奢侈品不一定是優質物品。

過去，不少人擁有或想要擁有高級品與奢侈品，出發點是為了展現社會地位，不過，現在有愈來愈多人，主要是年輕族群，認為用那些高級物品來彰顯社會地位反而是丟臉。但是，如果因此而連帶否定了優質物品的價值，實在很可惜。

優質物品有一股力量，能夠讓我們的生活隨之變得優質，讓人生可以更為美好。

可是，如果擁有優質物品只是為了自我滿足，生活並不會因此變得優質。即使擁有許多高級品或奢侈品，如果這些東西一點也不優雅美好，他人看到了自然會產生嫌惡感。

「物品」必須與使用者本身的生活行為一致。因此，與其說我們的生活需要使用優質物品，不如說是用優質物品來創造優質生活。

這到底是什麼意思？容我以具體一點的例子說明。

比方說，一提到餐桌上的美麗優質物品，一般人會聯想到水晶玻璃杯和925銀（非電鍍的純銀）製成的刀叉等餐具。事實上，使用薄巧水晶玻璃杯的絕妙之處，就是會讓人們覺得杯裡盛裝的飲品很好喝。

但是，對於習慣把罐裝啤酒打開就直接暢飲的人來說，水晶玻璃杯就無用武之地了。另外，有些人即使不是直接以罐就口，也比較喜歡把啤酒倒進不易打破的啤酒杯裡，水晶玻璃杯對他們來說仍舊派不上用場。單薄的水晶玻璃杯看起來比厚實的啤酒杯更容易打破，因此使用它時必須小心翼翼。

正因如此，你才會謹慎，動作也隨之變得優雅。所謂優雅就是舉止「謹慎」。

再者，清理單薄的水晶玻璃杯也很費事，不管是清洗或擦拭都必須十分小心，以免打破它或留下水痕。

銀器也是如此。如果使用不鏽鋼刀叉，就不需要磨光也無須擦拭。銀器則相反；若隨意放置不使用的話，銀器會隨著時間而變黑。維持銀器之美，靠的是不時打磨與擦拭（也有人這麼說，實際去使用銀器之後，會覺得維持其實也沒那麼麻煩）。

因此，優質的物品多半必須小心對待與清理。

清理所耗費的精力與時間，是讓物品與人們產生連結的優質行為。清理是學會舉止謹慎，也是讓身體學會善待他人與物品的必要生活行為之一。

倘若有人擁有高級品卻感受不到相應的氣質，一定是因為他們只是擁有它們，並沒有花費心力維護。

優質物品必須與優質的行為合而為一，才得以發揮真正的價值。

經常接觸良好的物品也能夠培養使用者的感性，將生活方式轉向優質。接觸優質的素材或在優質素材的環境下生活，能夠使人產生安穩、溫暖的感覺，不覺得疲憊。物品的形態適合自己，使用上也方便，光是看著就能夠得到安心與滿足。

感性的人如果接觸到、或試圖去適應劣質物品，經常會覺得哪裡不對勁，身心也會因此感受到壓力。但更可怕的是習慣了這些物品。我們的生活行為具有慣性，因此即使是劣質、不好用的東西，一旦習慣了，那種不順手的感覺也會逐漸消失。我們的感性，就是因此而逐漸遲鈍。

優質物品
能夠培養使用者的品格

優質物品存在著「品格」。就像人需要氣質，物品也需要品格。近朱者赤，近墨者黑，人們會受到持有物的影響。儘管「物品」不會動也不會說話，不過持續觀察後會發現，對待物品所得到的感受也會影響人們。物品與使用者之間產生的連結，會影響人們的感性，這種連結稱為共通的品格。

每個人對於喜歡的東西、珍惜的東西都會小心翼翼對待。因此，想要養成謹慎對待物品的好習慣，必須讓身邊所有的物品都是自己喜歡的東西。

也就是說，優質生活與如何選擇「我的最愛」有關。

一般而言，選擇物品的標準不外乎是方便而且能夠長期使用，不需要費心維護，以及物美價廉這幾點。但是，被優質物品環繞的生活中，少不了「美」這個關鍵字。亦即有品格的美。追求個人品格的同時，持有的物品也必須具備品格。

這並不是指非得擁有所謂的高級品，因為高級品與具有品格是兩碼子事。

一顆裝飾在窗邊的小石子、一個在海邊撿到的貝殼，這些物品有的也許擁有品格，有的則無。我們往往會莫名受到看似虛張聲勢、外型奇特又罕見的物品吸引。但是選取這些東西時，請試著發揮辨別能力，找出可人又暖心、並且具有品格的物品。

我剛才提到「辨別能力」，指的其實是透過觸感搜尋。光用眼睛找，往往會被擁有特殊有趣外型的物品吸引，因此用手摸過再決定比較可靠。

設計簡單的物品與裝飾繁多的物品各有各的美，不管是哪一種，我們都應該養成看穿「是否具有品格」的判斷力。

制定目標，學會更完美的使用方式，就能提升品格

現代的物品多半是大量生產而來。裡面也不是找不到高品質的物品，只是大量生產的物品，價格設定是以大量銷售為原則，提供多數人便利與安全使用。

反觀高品質的物品，使用的是精心挑選的材料，經過千錘百鍊的技術加以手工製作，並且考量到能否因應使用者需求，因此製作者期待的不是提供給最多人使用，而是更好的使用方式。

比方說，過去人們日常使用的漆器，例如端盤、碗、便當盒等等，現在成了奢侈品之一。

累積多年經驗的工匠，使用頂級素材以高超技術耗時塗上好幾層漆，因此製作出來的漆器數量有限，價格相對來說也不便宜。在現代，手工製作的物品，價格的確會超過預算。

因此，儘管漆器能夠常保美麗、長久使用，但有些人優先考慮的是價格高低，所以他們覺得塑膠、聚氨酯（PU）加工的碗或便當盒就夠用了。

高品質物品的誕生與使用，絕對不是以奢侈為目的，不過到了現代，以結果來說，高品質物品往往被視為是奢侈的象徵。

話說回來，有能力耗費精力和時間手工製作，也可說是這時代最奢侈的事之一吧。

生活中擁有少量優質物品的基本原則

在現代，優質物品往往被歸類為奢侈品。因此把身邊所有物品都換成優質品的話，恐怕會被歸為「我擁有一切」的「傲慢」。事實上，持有「少量」優質物品才是重點。

首先從盡量簡化自己的生活開始。簡化是指不要為了對應生活中多樣化的需求，而一一去準備物品。

舉例來說，提到家居服，一般人往往想到的是要另外準備穿髒也無所謂的「輕便服裝」，事實上不該如此，每個人大約準備三套、十分適合自身風格的服飾作為日常穿著的服裝就好，而且必須是無論何時遇到什麼人，都讓自己看起來大方體面的衣服。話雖如此，既然是家居服，就不能選擇讓人看了聯想到是在職場中穿著的服飾。

關於餐具，基本上是以簡單的白色西式瓷器為主，準備一整套，有客人來時也能派上用場。不管是做日式料理或西式料理，擺盤也不會顯得突兀。添購餐具通常會沒完沒了，反而應該善用少量的餐具，花心思在擺盤與餐具的使用上。

杯子可準備大型與小型的玻璃直杯，以及水晶高腳杯即可。

筷子也要選擇優質產品。作工細心的筷子能夠讓你用起來得心應手。

至於925銀餐具，只要準備最基本的品項（餐刀、叉子、湯匙）即可，請務必要擁有、並養成擦拭銀器的習慣，體驗銀器的光輝撫慰人心的感受。

換句話說，細心維護、謹慎地對待優質物品，就能夠培養出優雅的氣質。需要維護與善待的東西如果為數不多，應該就不難辦到。

減少生活中的必需品，藉此凸顯選擇者的個性與特點；即使數量少，也可藉由智慧與巧思「彌補」，從而創造出物品與持有者之間的一致性。

用少量優質物品打造美好生活，能夠創造出專屬於自己的日常生活風格。

謹慎使用最低限度的優質物品，確保長長久久

會將優質物品歸類為奢侈品的人，多半是因為他們認為自己在生活中不會使用那種奢侈物品，而且多數人也不認為這種消極想法有什麼不對。

即使是手頭寬裕的人，假如身邊充滿著不必要的物品，即使再怎麼優質，也只是浪費。而擁有最低限度的優質物品並謹慎使用它們、確保長長久久的人，相較於對品質毫無概念、只是大量持有物品的人，在花費上究竟有多少程度上的差異呢？

歐洲人的銀餐具如果少了幾支，就會再補足，並傳承好幾代使用；日本

人也會把優質的漆器傳承下去。這就是與優質物品相處的方式。

很快就厭倦，或是很快就弄壞、丟棄，這種行為不僅是個人經濟能力問題，身為現代社會的一員，這種行為更是難以原諒的浪費，比環保問題還嚴重！

能做到不浪費，並且懂得對任意丟棄的行為感到不齒，這是優質生活的基本條件。丟棄的垃圾量不多，是值得自豪的一件事。

如今，直接用買的比自己動手做或花心思加點變化更便宜，包括食物也是如此。便宜、省時這些理由，都使你遠離了優質生活。能夠從容地付出時間與精力，才稱得上過著優質的生活！

比起貪圖眼前的「便宜」，更重要的是要專注於不把預算花在不必要的物品上，消除浪費。為了維護物品而做耗時又費力的行為，也正好是能磨練自己的機會。

發揮五感，培養喜愛優質物品的感性

我們獲得的許多訊息是來自於視覺。如果能夠以五感去過生活，不只是使用視覺的話，生活將會有更多樂趣。

「食」是磨練感性的第一個線索。照理說，「食」是以味覺為主的感覺，但如果你閉上眼睛或捏住鼻子，味覺的敏銳度就會降低。你會因為不清楚自己吃了什麼，或是不清楚好吃與否，而感到不安。

也就是說，在你沒注意到的時候，「食」是動員了五感去感受食物的美味。假如你對美食不感興趣，或者在不經意時持續吃著不美味的食物，將會導致各方面的品味變差。

為了吃到美味的食物，你應該嘗試自炊。

日常生活中的優質飲食，不是來自知名餐廳或壽司店，而是在家中自己煮的菜。優質的專業級料理是特例，那並不是日常生活。自己做菜，使用單純的材料簡單烹調，有助於重新設定我們的味覺。

為此，我們必須做的是選擇優質的調味料。這裡的調味料是指單純的「糖、鹽、醋、醬油、味噌」。美味的市售沙拉醬等混製而成的醬料，你也可自行製作。

一般人經常討論穿著的時尚，但是毛巾、床單、廚房桌巾等家居布製品卻鮮少有人提起，不知道是否因為是太過私人的物品，或是因為人們總是無意識地使用它們之故。

關於這些布製品的功能，人們往往集中在講究吸水性和速乾性，然而，最重要的其實是膚觸。膚觸，也就是觸感；觸感是否舒服，才是決定的關鍵。

平時缺乏體驗好觸感的機會的話，就無法提升這方面的敏銳度。

女性對於布料的感覺尤其敏銳，請即刻去體會何謂優質的觸感，並且重新檢查每天所使用的毛巾、床單是否品質良好。桌巾也要重新審視是否能與餐具搭配。

好桌巾能夠凸顯餐具，也能夠為餐桌擺設加分。

如今「清貧」是最大的「奢侈」

見過歐洲王公貴族宮殿中的擺飾展覽之後，我不禁為那些絢爛華麗而瞠目結舌。同時也讓我想起日本人的「簡潔」，或者該說是「清貧」的傳統。

日本人天性喜歡追求「簡單生活」，並一路從過去來到現代，實踐至今日。清貧的極致表現就是「空無一物」。再也沒有什麼比不做任何事情，任由時間大量流逝更奢侈了吧……這對日本人來說絕對不陌生。

那麼，空無一物之時，最大的收穫是什麼？

就是精神上的豐收吧。精神豐收是指擁有絕佳的感性，能夠從「無」當中發揮豐富的想像力。

若以室內裝潢為例，清貧就是擦拭得很乾淨的玻璃窗。即使空間中沒有任何華麗的物品，只要把玻璃窗擦拭得晶亮，就會覺得這個空間很美。乾淨、沒有污垢，便是美的起點。不再霧濛濛的玻璃窗，是清貧中的奢侈。

這種知性也可用來了解日常生活用品的品質好壞。生活用品也有歷史與傳統；一張椅子、一個咖啡杯，好品質的背後都存在著傳統的技術，並且具有目的明確的功能性。

當我們接受具有歷史與傳統的「物品」時，所追求的是足以支撐該物品質量與風格的內涵。面對優質物品時，我們必須具備了解以及懂得發揮物品特性的知性。

你能辨別精神上的貧與富嗎？

奢侈的貧窮與卑微的貧窮，兩者之間的差別在於個人的為人處事方式。看過行為立刻就能分辨。

對人缺乏體貼是貧窮，由於貧窮所以缺乏從容，這種人無法感謝別人的行為，甚至會踐踏傷害他人。

太想出人頭地也會帶來貧窮；想要模仿他人做同樣的事情也是貧窮；因為貧窮的人只想拚命保護自己。

同理，提出不負責任的自我主張也是貧窮。所謂「不負責任的自我主張」，就是你本來應該對自己不關心的事物保持沉默，卻連不關心的事情也要發表意見，最後還把責任歸咎於「因為大家都這麼做」。

你應該已經注意到了，這裡所說的「貧窮」不一定是指經濟上的貧窮。很多人在經濟上與精神上都很貧窮，不過，經濟上富裕精神上卻貧窮的人，簡而言之就是缺乏品格的人，更是多不勝數。

假如你希望脫離這種貧窮的話，必須把你的「願望清單」上關於面子、潮流的願望劃掉。

同時還必須捨棄「為了避免浪費時間與生活上的麻煩，所以不做費時費力的行為」這種想法。

了解自己，提高美感，不跟隨社會的潮流，身邊只擺「真品」，拓展與懂得尊重人與人之間的關係，才能夠營造出優質的人生與優質生活。

Chapter 2.

能夠創造出
優質生活的住宅

空間變美，人也跟著變美

言行舉止，行為與物品，物品與空間，它們之間全都密切相關。

那麼，哪個是起點呢？還是談吐吧。美好的談吐乃是伴隨著美好的行為與舉止而來。

這裡所謂的「美好的談吐」，指的不是在家裡說話也要一板一眼，而是即使是輕鬆閒聊時，說話時仍不忘尊重他人。

然後，美好的談吐伴隨而來的美好行為與舉止，還需要美麗的空間。

舉例來說，一般人只要去了高級日式旅館或日本料理餐廳，對服務人員說話就會變得恭敬，舉止也會小心謹慎，好一段時間言行舉止都會配合當時身處的環境。相反地，如果待在雜物散亂、充滿垃圾的地方，就會不想要展現美好的談吐與行為。

以此反推回去你會發現，美好的空間能夠使人變得美好。請務必相信這一點。為了成為美好的人，必須讓生活空間變美。

這一點不難做到，只要多多練習裝飾的品味即可。我指的並不是裝飾房子，而是要養成「展示之心」；即使只是擺放一個物品，也要留意擺放的方式。

假如你堅信自己缺乏美的品味，只要開始用心裝飾生活空間，便能夠訓練出美的品味。

優質空間需要優質物品，以及善待物品的優質行為

充滿奢侈品的空間稱不上是優質空間。沒有不需要的物品、礙眼的物品，動線流暢，沒有特別醒目的物品卻待起來舒服的空間；使用摸起來絕不會感覺不對勁的溫和素材所打造的空間；優質物品融入其中、不特別顯眼的空間，以上這些才稱得上是優質空間。

從事室內設計這一行，我做過許多住宅的設計與規劃，但決定空間質感的，主要還是住在裡頭的人們的對話、行為與習慣。我們必須打造出舒適的環境，讓居住者生活便利。

優質物品是耗時費力打造出來的，生活行為也相同。在日常生活中，如果必要的物品擺在適當的地點，能隨個人喜好來取用的話，就不會產生任何抱怨。以現代來說，不止一般家庭，許多人就連住飯店也喜歡用房間裡準備的咖啡機自行煮咖啡，反而不喜歡叫客房服務送來。不過在英國等國家中，在歷史悠久的高級飯店裡，所有服務目前仍由服務人員提供，因此被視為是奢侈的服務。在一切都是透過機器、電腦自助、不經過人手的時代，由他人服務才能夠體驗最奢侈的感覺。

而且，這種時候最適合高雅的茶杯、托盤、餐桌……如此一定能夠度過一段優質時光。優質物品必須伴隨優質的空間、時間與行為，才能夠創造出優質的生活。

在生活中培養感性，這過程就是美好的人生

舉例來說，缺乏品味的人只要模仿假人模特兒所展示的裝扮，從頭到腳都穿上時下流行的高級服飾，就能夠顯得有品味。可是，要把平價服裝妥善搭配，就需要靠一個人的品味了。被視為是土財主的人，總想用金錢彌補遲鈍的感性；他們追求名牌也是基於同樣道理。

想要過優質生活，最重要的是培養感性。培養感性永無結束的一天。培養感性是一個「過程」，不是「目標」。別以為你擁有某種程度的感性，就

能夠過著優質生活。

也就是說，在日常生活中磨練感性，體驗這個過程就是美好的生活，也是美好的人生。

能夠進一步磨練感性的地方，就是自己的生活空間。如果馬虎地對待自己的生活空間，不管你多常前往時尚的餐廳、精品店、美術館，感性也只會停滯不前。

光看服裝、汽車、工作、住宅的外觀，無法判斷一個人的品格，不過只要看了住宅的內部，立刻就能明白；問題不在於寬敞或狹窄、是否花了大錢，而是那個房子是否整理成適合屋主的樣子。

現代男女往往過度重視在家之外的工作、社會活動等場合是否活躍，別忘了一個人生活的空間，以及這個人的生活，才是影響人生品質的關鍵。

打造優質住宅的四大要素與三大基礎

簡單且優質的生活空間，最低限度少不了的是什麼呢？

「簡單」不是只擺放實用的物品，用來營造舒適時光的裝飾也不可少。提到裝飾，指的不是缺乏故事性、胡亂擺放的人偶、擺飾或人造花等東西。美好的生活空間基本上需要以下四項要素：

・必要的家具
・鮮花

・牆上的裱框畫
・有著美麗外形的藝術品

另外，擺放上述物品的基本原則為以下三點：

・物品擺在它該在的地方，打造動線流暢的空間。
・不需要的物品要確實清理淘汰，擺放的東西歪了或偏移原位的話，隨時擺正。
・花朵要永保新鮮美麗。

選擇牆上的掛畫時，比起選擇價格昂貴的作品，畫框沒有歪斜、適合空間且吊掛位置均衡更是重要。

美人家裡永遠插著鮮花

花朵是創造美麗生活空間的基本要素之一。買花、換花、換水等行為與花費，如果不夠從容就辦不到，因此總是與鮮花為伍的生活，也可說是一種奢侈。

但是，這裡所謂的奢侈，與鮮花的價格高低毫無關係。

試著把住家附近生長的野草種在有些時髦的花盆裡，也是另一種奢侈。如果不說穿，它就是漂亮的英式盆飾。我們將會因此自然而然注意到路邊的野草或草地植物，這種行為也足以磨練感性、打造從容的心靈。

因此，無須選購昂貴的花朵。想把野草裝飾得漂亮，需要品味；之所以要使用價格昂貴的花朵，是讓缺乏感性的人，也能夠把空間裝飾得有模有樣。

我也建議在花盆裡種植便宜的花朵或植物。別小看雜草，試著在圖鑑中找出它的名字，並稱呼它。比如說，紫茉莉即使忘了澆水、快枯萎了，一澆水就會立刻恢復精神，容易種植。一般人不喜歡魚腥草的味道，不過它的花朵很可愛，強韌又容易生長。

此外，觀葉植物中的富貴竹等龍血樹屬植物能夠從切口處長根，以水栽或扎根種進土裡，都可以長得很好。蘭草與麥門冬等植物也很好照顧。

對於有點懶惰的人來說，多肉植物每年都會開花是值得期待的事。葡萄風信子在開花之後，別任其在花盆裡枯萎，剪下花朵後插在花瓶裡，留下葉子繼續行光合作用累積養分，便可期待明年的花期再來。

別在身邊擺放自己不感興趣的物品

收到不感興趣的東西，除了充滿心意的紀念品之外，原則上都應該捐給慈善機構義賣。無論那東西有多貴、擺在家中能夠派上用場、曾經是自己想要的物品，都別把與個人喜好不合的物品擺在身邊。這是避免增加非必要物品的重點，也可避免影響到原本的起居空間。

這種觀念不僅適用於收到的禮物上，自己買的東西也相同；如果是因為便宜、因為懶得找而在妥協下購買的物品，最後一定會被丟棄，或者因為其他機會再度購買；繼續使用下去只會損害自己的感性。

擺在自己身邊使用的物品，必須充分想清楚。想清楚之後，就會發現該買的東西、想要的東西其實沒有那麼多。或許應該這麼說，只有感性遲鈍的人，才會擁有過量的物品。

即使一個人擁有大量物品，東西多到家裡連走路的地方都沒有，假如那些東西的品味能保持一致，倒也不會讓人看了感到痛苦。會使人們無法忍受的情況，多半是因為缺乏一致性、不協調的緣故。

看見破壞美感的東西立刻收起來或丟掉

為了打造美麗的生活空間，其實在擺上鮮花、掛上裱框畫之前，還有一件事必須做，就是先打掃整理（應該說，擺上鮮花等物品之後，你才會實際感覺到家裡該整理了），而且必須嚴格規定並遵守「別在身邊擺放自己不喜歡的物品」這項原則。

堆著不管的報紙、廣告傳單，某個人掉的釦子，姑且擺在某處的商店街折價券、空箱子等等，放眼望去，如果覺得有東西破壞了美感，千萬別置之不理，馬上動手收進該放的地方，或者乾脆處理掉。

總之，重點在於下定決心後就要立刻收起來或處理掉，並且動手去做。當你想著事後再一併處理時，家裡已經變成雜亂不堪、不給你考慮美或不美的機會了。

一般人經常覺得會亂放東西是因為收納空間少，事實上並非如此。用心收納的人與認為把東西亂放反而取用方便的人，基本上想法就不一樣。

收納原則必須按照下一篇文章中提到的必備知識，可是生活空間美不美，其根本在於你是否朝著變美的方向努力，而不是有沒有時間、小孩或其他家人弄亂的問題。

希望空間變美的當事人親身付出維護美麗的努力，才能夠影響一起生活的人培養對於美的感性。

優質生活的收納原則

日本人認定的美的基本原則，就是沒有多餘的物品。即使沒有昂貴的裝飾或物品老舊，只要好好收拾、地上沒有半點垃圾、玻璃窗擦拭得晶亮，也會感覺很美。因此，如何收拾為數眾多的生活必需品便十分重要。

提到收納，一般人往往會把重點擺在如何有效利用死角，希望盡量在有限居住空間裡找到最多收納場所。簡而言之，一般認為收納的重點是盡量在狹窄的場所內容納最多的物品。

問題是，空間裡物品散亂的主因，在於工具和衣服等等用完的物品，或報紙和食品這類從外頭帶回家裡的物品，沒有立刻收進指定場所（當然垃圾桶也是指定場所之一）。

沒有收進去的原因，與其說是容納空間不足而滿溢出來，幾乎都是因為收納空間讓人不想把東西收進去，或者覺得要再拿出來很麻煩。

也就是，完美收納的關鍵不是庫存，而是流動；不是藏起，而是收拿方便；是否能夠配合日常生活的動作，自然又流暢地取出與收納要用的物品，收拿順手便是關鍵。接下來我舉幾個完美收納的重點。

首先是收納的最大原則，便是收納時要分成「庫存」收納和「日用」收納。「日用收納」顧名思義就是廚具、服飾、清掃用品等每天要使用的東西。「庫存收納」是指衛生紙、罐頭、乾貨等必須隨時補充的必需品庫存，以及充滿回憶的物品、女兒節娃娃、耶誕節或新年裝飾品等鮮少拿進拿出的東西。

接下來依序為各位說明兩種類型的收納訣竅。

「日用收納」的四項原則

1 配合使用目的整批收納

2 收納在使用的地方

舉例來說，毛巾要收納在洗臉台、廁所、浴室、廚房等各個使用的場所。清潔劑、刷子、抹布等也在各處分別放置一套，看到髒污就能夠快速清除。

此外，餐巾和桌布擺在飯廳裡；報紙收在客廳（如果多半在客廳裡讀報的話）。想用的物品總是擺在使用的地方，使用完畢後就能夠立刻放回原處。

3 花心思安排容易收拿的收納方式

比起收得整整齊齊、沒有半點空隙，還有剩餘空間的收納方式較方便取出、放回。例如，比起摺疊收納衣服，吊掛收納更方便拿出與掛回。

4 定期檢查收起來的物品，幾乎沒用到的東西可以丟掉或回收處理

「庫存收納」的三項原則

1 擺放的方式要一眼就能看出是否需要補充

2 同種類的東西擺在一起

3 別收進箱子裡，以能夠看見物品樣貌的形式收納

優質的收納，與優質的人生規劃息息相關。擅長收納的人，已經向優質生活踏出一步了。

重新審視椅子與布料

提到室內設計，最先想到的是要擺放何種家具。其中之一是像椅子這種兼具功能與強烈藝術元素的魅力家具。自古以來椅子就被視為是文化性質高的生活工具。能夠從中感受到專屬於自己的愛與擁有的滿足感，便是椅子的魅力。

這個時候，千萬別凸顯椅子的優質。一般來說，充滿魅力的東西有很強烈的存在感。能夠融入空間，才能夠提高空間的質感，也讓生活更舒適，因此適當的安排很重要。

相對於套房式公寓可以花心思安排椅子，歐美客廳裡用來打造優質氣氛的是自古以來就存在的暖爐和鋼琴，雖不是家家戶戶都有，不過可燒柴的暖爐能夠緩和身心疲憊、帶來歡樂；而不管多小的三角鋼琴，都能夠把客廳變成優雅的沙龍。

地毯、窗簾等布製品也是室內裝飾的重要元素。可選用古舊卻不失美麗的品項。花樣色彩繽紛的布製品用在室內裝飾的話，必須先考量到褪色，也就是手感與色彩會逐漸變差、變醜的問題。這是打造優質空間的要點之一。

儘管如此，只要每隔一段時期（三～五年）更換一次，就能夠常保空間的美感，也可趁機為空間帶來變化。

請時時確認並改變，就像動手替植栽換土一樣。運用這種方式打造優質空間，奠定優質生活的基礎。

購買小型家具
要以使用一輩子為目標

家具不像衣服可輕易更新。除了費用的問題之外，由於更換家具而製造出的大型廢棄物也令人無法領教。因此必須選擇能夠保養、使用一輩子，或是可傳承後代繼續使用的家具，而不是消耗品。

既然如此，首先要從品質下手。選擇價格有點貴但自己認同的家具，才是最不浪費的挑選方式。

現在的婚姻已經很少帶家具當作嫁妝，不過就像挑嫁妝一樣，一般人在挑選收納家具時往往會選擇可長久使用的高級家具，書桌和餐桌等小型家具反而選擇較便宜的商品，因為他們認為書桌和餐桌總有一天會換新，但事實上正好相反。收納家具基本上要如衣帽間、食品儲藏室這般，是內嵌於空間裡的。因此在搬家時，必須規劃保留這樣的空間。

另一方面，小抽屜櫃或桌子等小型家具，最好選擇自己願意使用一輩子的產品。餐桌也是。一般人往往以為只有可拉長型的餐桌適合使用一輩子，但是如果你的居住空間夠寬敞的話，過去使用的小餐桌也可用在飯廳之外的地方。獨棟住宅可以準備不只一張餐桌，這點不需要是法國人也能夠想到。

一般人挑選沙發時，也經常只想買大的，在汰換時就會出現問題。既然如此，考慮品質吧。別挑太軟的沙發，選擇適合空間大小的尺寸就行了。

即使是小型家具，也應該選擇能夠跟隨自己長久的。它不像衣服那樣需要頻頻更新，也不是消耗品，而是可適度保養使用的物品。

刷洗打磨
是維護居住空間的基礎

奢侈「品」換個形容，就是需要耗時費力的「東西」，是需要耗時費力整理與維護，確保能夠持久耐用的「物品」。也就是說，擁有整理的時間與技能，就是一種奢侈的證明。居住空間也是如此。

假如你認為打掃房間是一種負擔，最好的解決方法就是轉而去打造優質的生活空間，如此一來，你就能夠將打掃這個行為，視為愉快享受的優質時光。

希望愉快地打掃與整理，首先必須備齊工具，並且把工具收納在只要想到都隨時都能夠取用的場所。

說到掃除工具，使用吸塵器是用來吸垃圾，算不上打掃。打掃的基本原則應該是擦亮與刷洗。

刷洗是針對沙發、窗簾、地毯等布製品。

木質地板、玻璃、家具、鍋具、手提包、銀器等的清理則全靠擦亮。物品的品質愈好，愈有擦亮的價值。別說是銀器，品質良好的不鏽鋼用品當然也要擦到晶亮。

「擦亮」這個動作是住宅保養的基礎。只須擦亮水龍頭金屬、玻璃用品，整個空間就會增添光采。同樣地，一般人容易忽略的小元素，也會影響整體空間的質感優劣。

舉例來說，開關和插座的蓋板、以及門把，如果選擇優質商品，就能夠提升空間的整體質感。

另外，家具的提把或鍋蓋頭等，雖說重要的是開合功能，不過在一個空間裡種類不一致的話，便格外礙眼。家具的顏色太過繽紛的話，也讓人難以靜心。

相信各位都知道牆壁與門板的質感好壞很重要，不過其附屬的天花板飾條、底座飾板、門框呢？這些都是選擇了優質牆壁和門板之後，絕對不可忽略的細節。也就是說，豪華的門板配上粗糙的門框，會破壞整體空間的美感。

相反地，即使是簡單的門板，如果講究門把與門框，就能夠提升層次。

剛開始一點也不想做不要緊，只要開始動手擦洗，自然會產生樂趣。自己鍾愛的物品如果常保亮麗如新，你就會更加珍惜它。這一點與人際關係有些相似。物品若沒有擦亮的價值，就成了原本就無須清理、用完即丟的量販商品。

清理優質物品、小心翼翼地對待，剛開始雖然令人感到緊張又麻煩，等到漸漸不覺得辛苦時，自然會培養出對整個生活行為有幫助的言行舉止，而你也會對這樣的改變感到驚訝不已。

有時候就算謹慎地對待，仍一不留神把物品弄壞了。這是因為你想偷懶，只把清理當作是無趣的例行性活動。

儘管清理的舉動看來像是在不停重複著相同的事情，但事實上每次都不同。這個「反覆」的習慣，也可說是訓練自己能承受千錘百鍊的基礎中的基礎。

建議選擇白色的廚具、餐具、襯衫

每個人都覺得白色容易髒。但是，白色並非容易髒，而是容易凸顯污垢。正因如此才需要清理。白色廚房裡的污垢格外明顯，所以必須時時打掃乾淨、保持清潔。白襯衫的污垢格外醒目，所以必須時常清洗，也因此才能夠顯出潔淨感。白色，可說是一種藏於清貧中的典型奢華。

白色也能夠襯托出美麗的色彩。狹窄房間的牆壁漆成白色的話，看起來會顯得明亮寬敞。白色房間能夠進一步凸顯其他色彩的美。白色衣服吸收光線後，也能夠帶給女性身體閒適舒服的感覺。

白色也是能夠誠實表現質感的顏色。所有人都適合黑色，但不見得每個人都適合白色。應該這麼說，黑色會使人不醒目，就算不適合黑色衣服也看不出來；但白色衣服會使人莫名醒目，因此，白色衣服不見得適合所有人。

白色既可以質樸，也可以高貴；但最不恰當的凸顯方式，就是讓白色變得既不質樸、也不高貴，反而顯得單薄又廉價。這是因為白色彰顯了穿著者的內在。道理就如同白色能夠凸顯污垢一樣，白色能凸顯衣服的材質、做工、設計感，以及穿著者的品格。

使用白瓷餐具也一樣。簡單美麗的白色瓷器就足以讓餐桌顯得高貴，也能夠讓裝盛在白色瓷器裡的料理色彩與外觀展現美麗、凸顯優點。再透過桌巾、鮮花、蠟燭等等的妝點，更能夠看到許多變化。

同時，白色瓷器也能夠充分展現其形狀與材質。由形狀可了解挑選者的品味，材質則可表現使用者的感性。

西式餐具的基本就是白色瓷器。挑選花樣吸睛、可愛的餐具，只會讓家裡屯積愈來愈多派不上用場的餐具，同時也會失去磨練感性的機會。

Chapter 3.

擁有少量的優質服飾

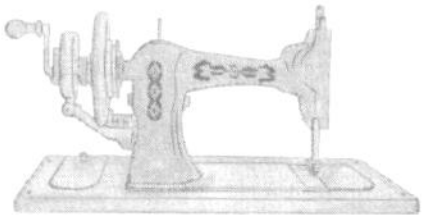

找出適合自己日常生活的優質基本款

衣服與居住空間同樣屬於磨練感性的最佳舞台。經常穿著流行服飾，無法當作具備感性的證據，這是因為追隨流行不需要感性也能辨得到。以美好生活為目標的人，需要擁有適合自己的優質基本款服飾，而且是日常中的穿著，不是外出服；日常穿著才能夠展現生活質感。

有錢人可能每季都會購買奢華品牌的精選商品，然而即使有錢，能夠將流行款式穿出品味的人卻意外地少見。

經常穿著流行服飾，代表是流行在追著自己，並非自己去追逐流行，這是自負並相信自己走在流行尖端的人才會做的事。以半吊子的態度追求時尚並不算明智。

感覺敏銳的人對於流行不會照單全收，而是運用穿起來自然的單品來表現風格。

話雖如此，找到適合自己的優質基本款服飾其實並不容易。如果要從名牌精品找起，可從經典款（該品牌中的基本款式）中仔細找找。不過在此之前，最好先簡單設定哪些是適合自己生活型態的單品。穿起來舒適的服飾，才能夠常保心情輕鬆愉快。

與其半吊子地追隨流行並照單全收，或是模仿別人才適合的穿著，更重要的是要認真想想，什麼樣的衣服才能夠讓自己看起來美麗。

找出適合自己的顏色與款式並用心搭配

一般稱為「基本款」的服飾，不一定就是你的基本款。舉例來說，膚色的圓領兩件式針織衫就不是每個人都適合。有些人適合V領的開襟羊毛外套，有些人則適合黑色。想要把基本款穿得好看，首先必須找出適合自己的顏色與款式。

例如，相對來說深藍色是適合多數人的顏色，不過深藍色也有不同的色調差異。有些人適合海軍藍卻穿上茄子藍，總覺得哪兒不太對勁。膚色與灰色也是如此，淺藍色和粉紅色、紅色和黃色也相同。

適合自己的顏色是即使與其他顏色組合搭配，也顯得很協調。從深藍色系、褐色系、綠色系、白色系、灰色系、黑色系等顏色當中找出一、兩種顏色當作自己的基本色；鞋子與包包也統一成一個顏色。

至於款式，毛衣和坦克背心，衣領開口深淺與形狀，袖子的樣式，襯衫和夾克的衣領樣式，都是決定性關鍵。即使是套裝，也不是所有人都適合訂製款。

下半身則應該要盡早找出適合自己的款式，例如：裙子的長度、緊身與否、適不適合A字裙等等。尤其是裙長，應該要配合自己的體型。比起流不流行，可讓自己的雙腿看來漂亮的長度，會令人穿起來更覺得開心。

在搭配方面，外套、毛衣、裙子的版型與長度之間的平衡很重要。每件單品統一成最適合自己體型的長度，就不需要購買多種不同類型的裙子和外套了。褲子也是如此。

即使同樣都是深藍色，也會有人因為其中微妙的色彩差異，而感到合適或不合適，就像也要講究裙子和外套長度的細微平衡一樣。事實上懂得注意這些細節，正是感性訓練成功的證明。

感性遲鈍的人對這些事情一點頭緒也沒有，甚至對於適合與否的判斷錯到可怕。

不管怎麼說，還是擁有少量優質單品，比較有助於培養感性。因為你必須利用少數幾件單品配合季節、時間、地點、場合，思考出各式各樣的搭配方式。

此時你就會明白外套的微妙長度、下半身的款式與長度、內搭衣服的領子形狀等細節有多麼重要。

像大衣這類佔空間的衣服也是，只要下半身的長度確定，就無須擁有太多件大衣。鞋子也是如此。

至於數量多也無妨的服飾，就是圍巾、披肩等配件吧。以結果來看，儘管一個季節裡能夠用上的配件有限，不過這些配件有助於配合季節轉換氣氛。以一輩子都能使用、不會厭倦的物品來說，珍珠項鍊是不錯的選擇。不過它不見得適合所有人以及所有品味的打扮。

此外，即使適合配戴珍珠項鍊，也必須事先了解珍珠顆粒的大小與項鍊的長度是否適合自己。

選擇可自行清潔保養的天然材質衣服

過著優質生活的人，穿著的服裝材質相當關鍵。膚觸佳，穿起來舒適最重要。

埃及棉、喀什米爾羊毛、義大利絹絲等，除了染色與花樣非比尋常，接觸到肌膚的質感能刺激我們的皮膚，讓我們的感性活躍起來。

一旦了解了良好材質的舒適性，只要長時間穿著材質粗劣的衣服，無論那是多麼便宜或流行的商品，我們的身體都不會認同。

以舒適的材質來說，當然是天然材質最好。因為品質好的天然材質產品，大致上都容易清理而且耐用。在真正專業的洗衣店愈來愈少的現在，珍惜衣服的人一定知道，自己動手清理比起送去洗衣店洗，更能夠維持衣服的壽命。

因此，除了套裝等必須注意外型平整的衣服之外，選購衣服時，應該優先考慮是否能夠自己在家打理。

襯衫應該選擇棉質。棉質才能夠用洗衣機洗淨之後，用熨斗燙平。使用好的熨斗與燙衣台，燙衣服不會太困難。

想要節省燙衣服時間與精力的人，別買襯衫，選擇針織類的內搭。麻、絲、羊毛等料子的衣服，只要選對清潔劑與處理方式，在家裡也能清洗。

名牌的時尚衣服多半採用複雜的混紡纖維與特殊加工，即使送去洗衣店處理也不耐洗，因此不僅無法徹底洗乾淨，往往穿過一、兩季就會顯舊。

時尚是有生命週期的，你是感動於它卓越的設計而穿上，並不是為了長久保存而買下。

如果只準備一套和服，請選擇優質的色無地

和服在現今並不是非有不可（事實上深入了解和服的製作精良之後，多數人都會因為和服的高門檻及深奧而嚇得退避三舍），不過最近除了特殊場合之外，也有人把和服當成一般成衣穿著。

假如考慮購買一套訪問著（注1）的話，建議選擇優質的色無地（注2）。可將緞或縐綢染成適合自己的顏色。渲染也是不錯的選擇。

注1／和服等級中僅次於禮服的正式和服。
注2／沒有花紋圖案、黑色以外的素色和服。

雖說要選擇優質和服，不過和服的價格與等級多半不是由布料決定，而是取決於友禪染等代表性的紋樣染製技法，因此不至於出現天價商品。和服上有紋樣的話，適合出席茶會或婚宴時穿著，只須更換搭配的腰帶，就能夠展現高雅的氣質。

因此，和服腰帶成了關鍵。最好選擇舊腰帶。目前的新腰帶或簡易型的腰帶如果綁在素色和服上，會顯得單調又粗糙。腰帶一般來講是舊腰帶的品質比較好，花樣也較有格調。如果可以向親友中的長輩討到一條有質感的腰帶，當然是最好，如果沒有的話，也可以去二手和服店找找。

穿上有紋樣的素色和服、繫上高質感腰帶，比起穿著不怎麼樣的訪問著和服，顯得更有風格。如果無論如何都無法弄到高格調的舊腰帶，只得咬牙買新腰帶，也許乾脆打消穿和服的念頭，才是聰明的做法。

事實上，成衣不也一樣嗎？特別是和服，只要小配件夠有質感的話，就能夠為整體質感增色不少。

別全盤接受時尚，要懂得享受時尚

感性敏銳的人，自然而然對於時尚也會很敏銳。想學會用少量單品穿搭時，不管你原先想用多麼少量的物品進行搭配，即使它們已經超出必要和實用的範疇，你終究還是會想把它們戴在手上，或是穿在身上。

對於時尚，別照單全收，要懂得玩賞，但是該怎麼做才好？其中一個方法就是享受時尚文化。不管是哪種流行風潮，接觸文化總是有益的。

試著剪下你手邊十年或二十年內的雜誌內頁中，喜愛的時尚街拍照片，如此一來，你便能明白自己生活在什麼樣的時代、擁有何種的感性，以及自己的目標與憧憬為何。

今後的十年、二十年，也試著剪下你所感興趣的時尚吧。對於愛好時尚的人來說，這應該會是一段美好又快樂的奢侈時光。不僅如此，在磨練感性這一點上，也許比寫日記更有助益，還能夠創作出美麗的紀念冊。

另外，如果有機會，去看看時裝秀吧。時裝秀如今也和繪畫、音樂一樣，都是傑出的現場表演。

或者更進一步可以研究西洋服裝史等等，了解現代時尚的起點在哪裡。對於民族服裝感興趣的人可以研究日本和服、平安時代和服的表裡配色之美，或是江戶小紋和服（注3）等，你會驚訝於紋樣的數量竟有如此之多，主題的類型更是全球第一。你會對日本文化感到讚嘆。

注3／日本江戶時代禁止穿著有花樣的和服，因此出現乍看素色、近看有細小花樣的和服。這種技法稱為「江戶小紋」，與京友禪、加賀友禪並稱日本三大友禪染。

Chapter

4.

回收再利用之美

回收再利用不是因為節儉，而是為了美好生活

擁有少量優質物品的生活，也就是環保的生活。無須特別節儉，用心在食衣住方面找到環保生活感，自然就不會浪費金錢、浪費物資，還能提高生活品質。

最重要的是找到材質佳且自己可以接受的物品。材質佳的物品只要細心打理，就能夠使用很久，因此儘管一開始價格有些昂貴，以結果來看還是買得很划算。

然後，最要緊的就是要少丟東西。過去一般人以為「用完即丟」是生活富足的表現，但是到了現代，具備知性的人會對於丟棄這個行為，也就是由自己製造出環境廢棄物的行為，感到罪惡。

材質佳的物品不僅使用年限較長，在它原本的任務結束之後，還能夠轉變成其他物品繼續延長生命。

這裡介紹幾個我自己在做的「回收」工作。

裝飾禮物的緞帶

如果是緞帶店賣的昂貴漂亮緞帶，多數人都會覺得丟掉很可惜，忍不住會留下來。這樣做當然很好。緞帶用熨斗燙過之後，再收進小盒子裡，可用來製作髮飾、當作手工藝材料，或是在自己包裝禮物時使用。

一般百貨公司禮品包裝附的緞帶，或是雖然漂亮卻無法用於前面那些用途的緞帶，可用於整理文件上。將這些緞帶收放在書桌抽屜裡，用來綁書信、支票、信封、文件（在歐美電影裡偶爾會看到的用法），比起用橡皮圈紮著，也只是多花一秒鐘的時間而已，算不上是浪費時間。雜亂的桌面或抽屜裡的文件也用緞帶綁起，看起來既不礙眼，還會令自己心情愉快。

甜點與水果的包裝盒或竹籃

我相信不少人都喜歡把美觀簡單的甜點盒或竹籃留著，當作置物盒或當作架子上的端盤使用，也可進一步用和紙或布片包起，或是上漆裝飾之後，做成更適合你居住空間的風格。若是竹籃，可以用噴漆美化。

廣口瓶

廣口瓶裡的食物吃完後，撕下標籤，便可用來裝自製食品或當作置物罐。保留幾種大小、形狀統一的廣口瓶放在家中，十分方便。

舊毛巾

可代替吉貝木棉，當作抱枕的枕心材質。柔軟又能夠用洗衣機清洗，是風格略微不同的抱枕。

質感粗糙的毛巾

雖說最近已經很少看見毛巾上頭大大地印上名稱，不過收到質感粗糙的毛巾或是在過年等場合收到單薄的白毛巾，還是不會覺得開心。把這類毛巾對摺成正方形，用碎布或滾邊裝飾邊緣的話，就能搖身變成廁所或盥洗室的訪客毛巾了。或者將邊緣往內摺、用縫紉機車縫固定，做成擦手巾也可以。

如果你擅長縫紉，或是家裡備有刺繡功能的電動縫紉機，也可加上名字的縮寫或繡上花樣。

或許有人認為，如果有時間做這種事，不如把不需要的毛巾丟了就好，直接買時髦的新毛巾比較妥當。或許也有人會直接就把質感粗糙的毛巾掛在家裡的盥洗室或廁所裡使用吧。這就是優質生活、單純的有錢生活、以及節約生活的區分關鍵。

思考廢棄物與舊東西的全新使用方法與加工方式，稱為「廢物利用」，像這樣在某些條件限制下動腦筋，才會產生許多點子，並且養成創意靈感。於是，那段思考過程也將成為使生活轉換為優質人生的樂趣之一。

手工自製禮物適合對品味有自信的人

我所謂的優質生活雖然就是簡單的生活，不過不能將禮物、逢年過節送禮的行為視為形式，並且想要省略。交換禮物這件事，可以在日常中為人們帶來一點奢侈的小確幸。

不管喜不喜歡，我們都必須與他人互相合作才能活下去。既然是如此，以結果來說，送禮反而替我們減省了生活中不需要多費的力氣。

為了修復因一點禮貌不周而變得尷尬的關係，我們需要付出精神、物質與時間上的損失；也會因此失去原本關係良好時，可能獲得的資訊、協助和精神上的救贖。考量到以上因素，在平日交換小禮物維護關係的行為反而能讓我們的生活變得簡單許多。

這種時候的禮物不一定必須是昂貴的物品。話雖如此，也不是誠心誠意就夠了。

簡而言之就是品味的問題。這種品味來自於我們每天的生活行為。對自己本身的生活有感，希望生活變好，漸漸就會養成這種品味。

對於品味有自信的人，建議贈送自己手工製作的禮物。雖然耗時費力，不過自製的禮物不僅省錢，在製作過程中也能夠找到喜悅。

自己種植物

喜愛整土、玩園藝的人可以將最初購買的小盆栽大量繁殖，然後把那些植物分株植入小盆栽裡，當作禮物。也可以將數種植物種在一個花盆裡，打造成適合觀賞的華麗模樣，收到禮物的人也會更高興。

送禮時，要慎重挑選花盆。他日當植物枯掉時，留下的廉價花盆會顯得莫名寂寥。

手工花圈

對花卉頗有心得的人，可以發揮本領做點改造，或把花朵編成花圈，也會讓收到禮物的人開心。花圈不是只有耶誕花圈，平日就收集些可用於改造的緞帶和碎布吧。

用壓花製作明信片、書籤等

趁著歸還借書時附上。別自己全部做完，把材料當作禮物的話，對方也會很高興。

手工甜點

若是頗受歡迎的甜點店，店裡的每種甜點都很美味，贈人以禮反而很難讓人留下印象。餅乾的話，自製和攜帶都方便。趁著有訪客來訪時，拿出自己製作的餅乾招待，如果對方吃得愉快，可以在客人要離開時，送上餅乾當伴手禮。

此外，如果要帶自己做的甜點伴手禮去參加派對，必須事先和對方說好。因為對方可能也準備了手工甜點。

手縫藝品

除非你充分了解對方的興趣，曾經去過對方家裡，能夠掌握他家中室內擺設和生活風格，否則不適合以手縫藝品（刺繡）當作禮物。若對方看了你使用的物品之後，表示也想做相同的東西，便值得高興。不過有時也必須留意對方可能只是在講客套話。

一般而言，可以準備幾個前面提過的訪客毛巾等簡單的消耗品；餐墊，有蕾絲編織花邊與名字縮寫的餐巾等也是不錯的選擇。重點不是在於禮物而是親手製作、那種量身訂做的感覺。以手工刺繡配合季節繡上柊樹或女兒節娃娃等特殊季節限定的象徵，收到禮物的人也會高興吧。

至於那些街邊手工藝品店或布料店經常拿來當作範本、隨處可見的客製印刷袋子，老實說鮮少會讓收到的人開心。

另外，為了節省禮物開銷而決定自己動手做的話，千萬別挑選製作費時的物品才是。

包裝材料也是禮物的一環。成為包裝達人

如果對包裝有自信，可把簡單漂亮的自製禮物或回收再利用的物品，送給親朋好友。贈送市售商品的話，例如文具或書籍等，如果店家的包裝欠缺風格，也可以自行包裝。

首先，平常就要收集漂亮的緞帶、繩子、包裝紙，碎布、石蠟紙、薄紙、彩色紙盒，有時也可收集外文雜誌等當作包裝紙使用。

希望包裝得像百貨公司的一樣漂亮，無須花費太多時間。仔細確認盒子

與紙張的大小，別用不能摺錯的紙。細心摺是訣竅。

如果盒子、書本本身就很漂亮的話，不需要包裝紙，只綁上緞帶即可。主要就是仰賴品味。事先做好花飾搭配緞帶也可以。

但是千萬要注意別過度包裝。比起奇形怪狀、技巧滿分的包裝，貌似不經心到讓人捏把冷汗的包裝，更能夠博得好感。

緞帶和繩子必須確實綁牢，不能輕易鬆脫。尤其是緞帶，最好要拉得平整筆挺，打結方式也要讓人感覺充滿活力。綁緊緞帶代表著與收禮者之間的心緊緊相繫。

另外，前面也稍微提過，緞帶不只是用於包裝時，在生活各種場合都能夠派上用場。基本上要把緞帶視為禮物的一部分，請選用收禮對象也想要保存的優質漂亮緞帶。

只是，如果使用太昂貴的緞帶，與禮物之間的平衡就會出現問題。

家電、廚房用品、餐具……一開始就別購買拋棄式商品

家電用品原則上要持續修理、用到無法維修為止。今後購買的物品，應該要選擇至少可以使用六年的產品，能使用超過十年當然是最好。這麼做一方面也是為了避免製造出不易回收、焚毀的廢棄物。不過，用了幾十年的電器往往很耗電，因此必須更換節能的機種。家計較充裕的人，為了節省地球資源，應該要這麼做。

不只是家電用品，我希望各位對於購買拋棄式商品要養成神經質的習慣；

購買之前，要充分思考這個物品是否會變成廢物，這個習慣很重要。

此外，購買生活雜貨或廚房用品時，若是心想：在找到滿意的商品之前，就先用這個充數吧，結果就會是百元商店買的商品一用就用了十年。除了必須打從一開始就規劃這個物品要用上十年或二十年，還得考量物品是否優質，不需要再買替代品。

色彩繽紛的塑膠製品必須排除。長期使用的工具要統一顏色。若選擇白色，使用時會讓你心情較平靜。

餐巾別一想到就買。贈品或紀念品等上面印有廣告名稱的物品，就更甭提要使用了。漂亮的西式餐具，尤其是茶杯、甜點盤等，常會因為大特價而不知不覺買下去，結果無法與其他餐具搭配或是一下子就看膩。因此採買商品之前要擬定計畫，要考慮是否適用一輩子，有時甚至還要留給下一代。

容我再嘮叨一遍，原則上要選擇白色。最基本應該準備一套品質良好的白色瓷器，再利用餐巾、餐桌桌巾、以及一些用來增添色彩的小東西等佈置餐桌。這些東西不需要擁有太多種類型，以少數種類多樣化搭配使用即可。

料理仰賴的是知性與感性。建議考慮「知食」

目前，家庭餐廳或便利商店便當的飲食形式，已經滲透入每個家庭裡；發揮食材的優點，每天動手做菜，反倒成了最大的奢侈。

有些人似乎以為避免外食、自己動手做菜，是優雅主婦或千金小姐的專屬樂趣。事實上，花費心思做到無須偷懶也能夠縮短做菜時間，就是優質的生活。我稱之為「知食」。以知性與感性烹調的行為，就是「知食」。

關鍵在於平常吃的料理，不是從一開始做起，而是把事先準備好的備料組合在一塊兒。只要在趁著有時間、想要品嚐料理的時候，或是在事先規劃好的日子預先做好各種常備菜。

想要把做菜當成娛樂時，可以嘗試新菜，增加菜色變化。這樣一來，舉辦派對時，就能夠配合季節以及參加的人，從這些變化菜色中組合出派對菜單。

知食基礎❶：事先製作材料保存

為了做到不偷懶又能夠縮短烹調時間，採購完畢後，把食材處理成能夠立即使用的狀態。

首先是蔬菜。容易損傷的蔬菜，比方說青花菜、花椰菜、菠菜等要先水煮。洋蔥片（切片後靜置十五分鐘）、鴻喜菇、高麗菜等醋漬之後，就能夠立刻變出一道沙拉。

生香菇買回來後立刻曬乾，然後切片冷凍，這麼一來料理時就能馬上使用，無須費時解凍。冬季天氣乾燥時，把胡蘿蔔、嫩薑切成細絲後完全曬乾，以熱水沖泡後就能夠喝到美味的胡蘿蔔茶。

另外，洋蔥、芹菜等切碎後冷凍，使用時就能夠縮短備料的時間。義式炒三蔬（將紅蘿蔔、洋蔥、芹菜爆香當作料理的底料）或法式高湯（香菇高湯最好用）也冷凍保存。

此外，事先多做些味噌加工的肉類、米糠醃漬的魚肉，並且一個個包上保鮮膜冷凍的話，忙碌時立刻就能派上用場。絞肉壓成薄片，分成小塊冷凍的話，無須解凍即可直接料理。

高湯也是，別使用化學調味料，自己做柴魚高湯或昆布高湯保存。緊急時，即使只是煮一碗蕎麥湯麵，也會因為使用自製高湯而更添美味。

知食基礎❷：不製造碎屑、垃圾，全部當成材料使用

花心思把整個食材用完。蔬菜外皮營養價值很高，可以曬乾後打成粉末，當作調味料使用。

昆布、柴魚片等煮完高湯後，加入嫩薑、山椒、松子、芝麻等做成配飯的香鬆，也不改美味。香鬆可以當作涼拌豆腐的香料，或是撒在湯裡。

知食基礎❸：管理冰箱的內容物

準備食材及進行事前處理時，是否能立刻知道現在冰箱裡有哪些材料很重要。把冰箱裡缺少的材料，以及幾樣馬上就能使用的東西寫成清單，用磁鐵貼在冰箱門上很方便。

最後也介紹一下廚餘的處理方式。

家裡如果有院子的話，請務必將廚餘倒回土裡處理。把廚餘裝進塑膠水桶裡，用廚餘處理劑（生化除臭劑）加工。此時產生的微生物液體流進下水道之後，還能夠清除水管的污垢。家中如果沒有院子的話，用廚餘處理劑加工廚餘之後，再當作垃圾丟掉，在焚化時比較容易燒毀。

做菜是我們人生中絕對少不了的生活行為。不管是女性或男性，不管是擅長做菜或是做得很糟糕，都只是藉口。當然忙碌云云更算不上理由。請發揮知性與感性打造優質的飲食生活吧。

Chapter

5.

讓生活更優質的文化與藝術

在生活中奢侈地享受文化

優質生活是什麼？一言以蔽之，就是將諸多時間用在文化活動的生活。換言之，也就是培養感性的生活。擁有感性，就能夠活得美好又有質感，也就是說，培養感性是美好人生的基礎。

講到文化生活，一般人往往以為經濟上必須優渥才能過這種生活，事實上文化生活需要的是心靈上的優渥。如果願意花錢，文化生活的確會花掉你許多金錢，不過不花錢也同樣能夠享受到文化生活的好處。

培養感性的方法，就是欣賞許多美好的事物，模仿美好的生活方式。

並非只有世界名畫、歌劇才是美好的事物。小蟲子、小植物之中也能夠看見純粹之美。就算去河邊撿石頭，也必須選擇自己喜歡的形狀。大自然的形體全都具備美的元素，因此不管是落葉或枯枝，只要眼睛能夠看見的東西，就可想想該如何將這些納入自己的生活中。

我們看一個人，自然而然就會感覺到這個人有沒有氣質，莫名就能判斷這個人的家教好壞、這個人有沒有教養等等。尤其是上了年紀之後，差異更加顯著。假如你希望養成美好品格，就從現在這一刻開始，把日常所有行為都當作磨練感性的場合吧。

一出生就擁有卓越感性的父母親、在「充滿文化」的家庭裡長大的人，比較有利。這就是所謂的「家教好」。但是，姑且不論過去的家教是什麼模樣，後來都會逐漸改變；不是明天立刻就有不同，但是十年之後確實會改變。甚至連長相（表情）都會大不相同。

所謂的涵養，指的是自己對自己的培育。之所以需要有涵養，是為了給自己帶來機會，是為了完成自己的目標，更是為了向世界貢獻一份心力。

建議利用寫生與閱讀培養知性與感性

高貴的女士與中高年的紳士很適合寫生。寫生這種行為不僅優雅，在磨練感性的同時，也能夠強化最重要的觀察能力（而且多數場合是對於大自然的觀察）。因此，寫生是我強力推薦的「文化生活」（當然也是因為幾乎不花錢）。

春天開始萌芽的綠草、庭院的梅枝、冬天強有力的落葉樹，或是河邊的石頭、空中飄動的雲朵、餐桌上花瓶裡的花朵、建築物……什麼都可以畫。

也可以嘗試挑戰人物速寫（用一枝筆大略描繪的繪畫方式）。別拘泥於技巧，用自己的方式去畫即可。

因為比起畫得漂亮與否，更重要的是觀察。

即使熬夜也要讀完一本小說；一邊泡澡一邊閱讀輕鬆小品文；坐在書桌前面查字典閱讀艱深難懂的書。放假的日子看食譜；假日的午後朗讀詩句（我覺得朗讀對於健康也有好處）……讀書原本就是如此貼近生活的文化活動。

近年來，所有書籍，特別是文學類書籍的人氣大幅下滑。但正因為如此，靜靜地享受閱讀，就成了具備優異感性的極少數人才能擁有的奢侈樂趣。

姑且不提以收集書本為嗜好的人，自己專業領域的書，或是對於自己來說不可或缺的生活指南書（例如這本書！），讀完之後別拿去借給別人，而是應該擺在身邊，方便時常翻閱。

自己讀完覺得好看的書，可以買一本新的送人。

已經絕版的書或舊書，即使要上圖書館才看得到，只要養成閱讀習慣，你就能夠深深感受到書的重要性，以及獲得知識的樂趣所在。

自在前往美術館或音樂會的生活

美術館和博物館大致上都有類似贊助該機構營運之類的會員制度，只要支付小額會費，就能夠取得展覽手冊、門票折扣、演講資訊等。常設展更是幾乎都可以免費參觀。經常前往這些地方走走，或許有機會認識學藝員（注4）。

注4／日本的學藝員是日本國家級考試資格，由文部科學省認證。日本博物館法規定在博物館（包括美術館、天文台、科學館、動物園、水族館、植物園等）從事專門職位的工作需要具備學藝員資格。在其他國家則多半稱之為「策展人（Curator）」。

也就是說，即使你著迷於對某種藝術或某個時代，一旦對這個主題鑽研得太深，只會讓自己變成陰鬱的萬事通。比起去深究，不如讓自己沉浸在優秀的藝術和歷史文化底蘊中，喚醒內心的基因，這才是價值所在。當你置身於諸多美好的事物中，哪怕只有一瞬間，只要呼吸到那些美好，就能找回每個人與生俱來的真誠感受。

音樂也能夠驅動我們的感性。平常習慣聽音響，覺得這樣比較有安全感的人，應該盡量前往音樂會，置身於現場表演的音樂空間裡。

與逛美術館的方式一樣，以喜歡的音樂為中心，找找相關的樂迷社群。音樂會場內的傳單或手冊上，應該有入會說明。有時買兩次票，第三次就免費，有時在音樂會結束後會舉行會員專屬派對，讓你有機會與表演者對話。

如果只堅持參加知名表演者的音樂會，不僅票價昂貴、就連預約門票都要耗費精力的話，實在是一種浪費。相較之下，頻繁前往聆聽多場音樂會更好。然後在音樂會的中場休息時間，試著在大廳裡與其他人聊天。儘管對方是陌生人，聊天這麼平凡的行為反而能夠促使產生同伴意識與親切感，相當不可思議。

利用觀賞舞台劇將優質生活提升一個層次

歌劇、芭蕾舞劇、音樂劇、新劇（注5）、歌舞伎（注6）、能樂（注7）等除了音樂之外，還透過故事、演技、舞台裝置等，讓觀眾享受到多面向的美感，給予觀眾諸多喜悅。這類表演能夠讓人心生雀躍、受到刺激，為身體帶來正面能量。

若是希望更加樂在其中的話，首先要細心搭配看戲服裝。為了讓自己融入非日常的空間與時間，少不了特別裝扮，以及非日常的適度緊張感。相較於過去，近來人們不再是下了班就直接趕去會場，愈來愈多人會配合場地或表演內容打扮。這是很好的現象，也增加了心情上的從容，以及更多樣化的享受方式。

接著是「預習」。經典故事儘管內容不變，舞台劇的演出也還是會改編得現代一些，或是在台詞中加入現代的元素。事先了解故事、角色、以及戲劇的精彩之處，也是一種融入方式。嫌麻煩的人，只要努力與舞台劇融為一體、心情融入其中即可。此外，除了關心故事、角色、演技之外，也必須感受舞台裝置的巧思、舞台整體的氛圍流動等等。

注5／受到歐洲近代舞台劇影響的日本戲劇。歌舞伎等傳統戲曲則稱為「舊劇」。

注6／日本傳統戲劇之一。演員僅限男性。

注7／包含「能」與「狂言」兩種演出類型，為演出者均配戴面具表演的日本傳統戲劇。

一般人經常認為能樂難以理解。姑且撇開睡眠不足的情況不提，從能樂舞台表演得到的感動，就算是初次接觸的人也不會看到睡著。如果希望精神能夠更集中的話，可以試著了解故事內容、了解謠曲內容，並且專注欣賞舞蹈。萬一睡著的話，人類的DNA裡內建著睡著時也能夠被舞台表演感動的基因，這說不定也是一種欣賞方式。

透過做女紅
體驗舊時代貴婦的感受

女紅是指縫紉、編織、刺繡、拼布等拿針線在家裡做的裁縫活兒。做女紅的實用性與前面提過的「文化活動」有若干差異，不過與自古以來的鋼琴、日本琴（注8）相同，都是貴族女性的嗜好之一。

一般認為超越「實用性」的「創造性」，才是今日我們把做女紅當作嗜好的價值。

注8／日本箏或和琴。

布是女性的好朋友。徒手接觸布，辨別觸感，是女性與生俱來的能力。女性與布能夠完美搭配。一旦接觸布料，「用這個可以做些什麼」的創作欲望就會湧現，也會誕生出各種巧思與點子。

沒有任何感覺的人，可以先參考範本，試著做出能夠拿去參加義賣會的作品。對於自己的創意沒有自信的人，可以從提升技巧開始，細心反覆練習也是創作者的創意來源。對於任何時代的任何人來說，擁有技術都是不可或缺的能力。

不管是多麼小的東西，創作這個行為擁有淨化精神的作用，能夠充實心靈，帶來多樣化的奢侈時間，這是即便全身上下都穿戴昂貴名牌貨也絕對無法取代的。

培養美感與細心。園藝不止是貴族的嗜好

現在所流行的園藝，在過去也是高貴家庭女性才被允許接觸的奢侈行為（大致上都是種玫瑰）。家有院子的人，或是不曾接觸園藝的人，不如先從培育野草或在野地盛開的花朵下手，如何？

即使是野花，透過不同的培育方式、修剪方式、組合方式，也能夠發揮不輸給昂貴玫瑰的美感。選擇自己喜歡的顏色的花朵也可以。最近白色和藍色系的花朵特別受歡迎。

打造庭院固然有趣，反過來說也很困難。與植物接觸，就是與天候、氣

候等各種自然現象接觸。

話雖如此，這也不是家裡有院子、能夠每天照料的人所專屬的特權。能夠每天照顧花草的人、偶爾才會動手的人、替寬敞院子僱用園丁的人、家中只有陽台的人……每個人的日照、通風、土量等條件迥異，不同的條件有不同的對應方式。

樹木等植物如果是當地的原生種，費時三年細心照料，接下來只要守護它自行長大，院子自然而然就會變得漂亮。

也別忘了把植物當成同居者，對它說說話，植物才會長得更茁壯。想要打造出理想中的院子，至少得花十年。

不管怎麼說，無論是拜師學藝或去報名上課，你都必須事先明白，植物無法跟人類完全一樣，有些東西只有適合自己的個性與條件才能成功。自己的個性是否勤快？有多少時間能夠與植物相處？別一開始就過度高估自己。

盆栽最少要做到定期澆水（但只是澆水、放任土壤變硬也不行。這種時候必須換土）。不管是養寵物或是種植物，都要按照規矩進行最妥當。

對於這類瑣事缺乏自信、討厭麻煩的人，可選擇多肉植物（仙人掌等），這類植物每月澆一次水即可。（注9）

注9／不同的多肉植物有不同的水量與日照需求，種植前請務必先確認過。

在大都市裡接觸大自然的方法

一般都市人的夢想是退休之後享受田園生活。田園生活果真理想嗎？大自然並非總是對我們友善、能讓我們悠閒放鬆。與大自然面對面的生活中有許多不便，很多場合必須靠體力去面對，這一切絕對不簡單。

最近還有年輕夫妻家庭為了讓孩子在大自然中長大，下定決心移居鄉下的例子。不可能習慣大自然生活的人憑藉著對於大自然若有似無的憧憬，因而展開了「鄉村生活」，這也許是種不幸。鄉下也許只適合用來在週末體驗另一種生活，過過乾癮。

大自然從某些角度來說能夠治癒我們，卻不適合用來逃避。

在你盛讚大自然生活之前，必須先選擇你是要面對廣大的自然，或是都市裡的小自然。置身在大自然中，也不見得能與自然有所連結；相反地，即使不去鄉下，也有方法可以接觸自然。

與大自然融為一體並樂在其中，必須眼睛、耳朵、手、足、皮膚……以全身與大自然合而為一。一開始先專注在氣味與皮膚感覺即可。

・觀察樹枝、葉形。
・感覺風的溫度。
・看看雲的流動。
・聽聽雨聲。
・聽聽樹梢間的風聲。

・嗅嗅葉子味。
・光腳踩在大地上，感覺大地的溼潤。
・從河川的水流與海洋的浪濤聲感覺韻律。

置身於這些感受之中、放空腦袋融入時，才能夠享受悠閒時光，我認為這比在高級別墅區擁有一棟別墅更奢侈。

建議舉行家庭派對，展現生活文化之美

偶爾舉辦幾次家庭派對，漸漸就會習慣了。邀請賓客共度愉快時光的舉動象徵許多意義。

首先，如果你希望打造豐富的人脈，派對是拓展親密人際關係的好時機。

其次，這也是對家人以外的人展現家常菜實力的好機會。從室內裝潢的佈置到餐桌擺飾，也能夠漸次提升美學品味。

所謂的家庭派對，原本就是一種用以取悅賓客的無償行為。要獨自為派對打點一切是相當困難的。如果能把言語讚美或商業利益放在一邊，完成這項艱鉅、耗時的任務，創造出讓賓客真正享受的空間和時光，這才是生而為人最高貴的行為。

如果不擅長做菜，可以請親朋好友自備菜餚參與，主辦人只要準備一、兩道料理即可。或也可請外燴業者或專業廚師到家裡做菜。昂貴的料理或許會讓受邀者開心，但少了自製料理的派對，往往讓人印象模糊，也不易傳達主辦人的真心和溫暖，成了一場缺乏戲劇性的聚會。

為何說家庭派對是生活文化的極致？因為家庭派對是提供舞台，讓對於日常生活充滿美感、認為提高生活文化是自身義務的人發揮才能。不管是料理或擺飾，只要平日不斷累積，就能夠打造出美感。

當主辦人懷抱熱情真誠，希望帶給眾人喜悅時，打造出來的成果往往能夠徹底撫慰受邀者的心靈。受邀者汲取這份真心，言行舉止也會展現出得宜的禮儀。

Chapter 6.

每一天
都是優質時光

有限的時間要用來「打造自己」

在我們學習不浪費物品、金錢、時間的方法之前，有件事情最重要，就是了解浪費的源頭。源頭沒有其他，就是自己。問題出在你自己的態度（觀念）。

剛開始不了解自己，所以花了許多時間、金錢、精力（力氣）「找尋自己」，而且還給別人添麻煩（也就是別人在你身上花費的時間、金錢、精力），這些例子不勝枚舉。

然而，儘管做到這種程度，你也不見得找到了自己。那麼，何不「打造」

自己呢？或許你花一輩子也找不到自己，但是「打造自己」的話，就能夠用具體的方法節省時間和金錢了。

也就是說，打造自己所必須做的事情可以奢侈地花費時間、金錢與精力，其他事情就盡量省略。

胡亂節約或找藉口，與大量浪費金錢一樣無法豐富人生。休息、靜養、能夠豐富創造力的玩樂、什麼也不做的時間……這些絕不是浪費。

我們每天的生活、每一瞬間的串連，構築成整個人生的形貌。你必須明白自己擁有的時間有限。如果是浪費金錢，再賺回來就好，但如果是浪費時間，可沒有人能夠再找回來。

優質人生就是以優質的生活行為毫不浪費地運用我們擁有的時間，盡情揮灑我們磨練出來的感性，度過美好的時光。

用身體記住時間的感覺

你可曾想過無法遵守與別人約好的時間或自己預定的時間，所造成的時間浪費到底有多少呢？在談高超的時間管理技巧之前，更重要的是遵守約定時間，避免浪費時間。

遵守時間的方法，基本上就是要以身體去記住對時間的感覺，也就是身體要學會對於五分鐘、十分鐘……時間的感覺。

練習方法就是以「五分鐘之內能夠做什麼」、「十分鐘之內能夠做什麼」、「十五分鐘……」這種形式，盡量了解自己的行為，並將行為與時間連結在一起，用身體記住。

比方說，你知道自己從煮好咖啡到喝下咖啡，要花幾分鐘時間嗎？
起身去廁所到回來的時間呢？
挑選衣著配件的時間呢？
寫一張謝卡的時間呢？
清洗餐具的時間呢？
找出要用的文件的時間呢？
為出門做準備的時間呢？

首先，請準備一個計時器，接著花時間重新認識自己平常毫無自覺在做的行為，或許你會對於結果感到意外。

用身體記住時間的感覺，也能夠讓你專注於自己正在做的事情。

不管是日常生活或社會生活（主要是指工作），往往都要求迅速，但是決定迅速的關鍵，事實上是正確執行。如果你心不在焉，也就是被其他事情干擾，只會表現出焦躁，無法正確完成。

迅速，換言之也就是專注。

首先，訂出十五分鐘或二十分鐘當作自己必須持續專注的時間，這段時間只專注於正在進行的事情上。短一點的話，五分鐘也可以。這段時間一過，如果準備切換到其他事情上，或者必須繼續下去，可以先深呼吸，或是放鬆肩膀力量，再重新開始。

只要你反覆在短時間內保持專注，持續配合身心的節奏追逐快樂的時光，疲勞也會隨之減少。

終結浪費時間的方法

不管你多麼遵守約定時間、預防時間浪費，還是有可能被別人奪走時間。應該這麼說，人只要活著，遭遇許多麻煩也是天經地義。不小心遇上粗心、不體貼、漫不經心的人，往往會害你浪費許多時間和精力。

人生看似漫長，但其實沒有長到有那麼多時間可以浪費在與那些人周旋上面。盡量避免接觸那些人並不難，但若無可避免的話，首先要幫助他們，接著從與他們相處時衍生的事情中學習（學到東西）。

你認為是白費力氣的事情，換個角度或許也能夠找到樂趣，也或許隱藏著對其他情況有用的資訊。這樣一來，白費的時間也變成有意義了。

舉例來說，對方沒能夠遵守時間，害你浪費時間空等時，這種時候比起責怪、累積不滿，不如事先預想可能發生這種情況，把這段空等變成有價值的時間，我相信這樣做更有建設性。

空等的時間用來滑手機或看書都很好，我認為也適合用來思考。過去，我經常隨身攜帶小筆記本，記下等人時想到的點子。現在有時會記在智慧型手機裡。

平常苦無時間思考還沒得出結論的想法，或是沒有機會把尚未成形的模糊點子轉變成文字，正好可以利用等人的時候進行。如果因此想出好點子，就要謝謝那位讓你等待的人。

運用這段時間觀察四周也可以。從年輕人到老人，不同世代與階層的服裝、躍入眼簾的廣告、流洩出來的音樂、隻字片語的對話……皮膚可以透過這些內容感覺到景氣與流行等時代的氛圍。如果對特定主題感興趣，或許能夠趁此機會取得意想不到的資訊。

再者，等人的時候也能夠訓練想像力，想像對方是遇上什麼情況才會遲到。如果在想像力發展到最糟的情況時，對方出現了，你也比較能夠以開心的氣氛若無其事地面對對方，而不是加以責怪。

想像力訓練正是體貼的訓練。

打造優質的時光，打造優質的自己

不管我們想不想要，在每天的生活中總會接收到許多訊息。我們感覺自己被時間追趕卻也無法抵抗，就是因為生活中有太多變化，如果沒趕上那些變化，我們甚至無法過好日常生活。

渴望時代進步、渴望個人生活充實絕不是壞事，但我們這種心情或許也加速了時間的流逝。適合優質生活的時間流速，必須由自己掌控。

我們經常感嘆沒時間，可是每個人同樣擁有一天二十四小時，很公平。

然後，利用這些時間的主角往往就是自己。要與誰共享、如何共享、做些什麼，做出決定的人沒有別人，就是自己。

然而，我們在一天之中經常遇到許多不喜歡的事情，而且非得接受不可（一般而言是指工作或日常生活的瑣事），因此才會感嘆沒有時間用在自己的喜好上。

也就是說，事實上不是有沒有時間的問題。有的人是帶著厭煩的態度去做，有的人則是決定無論如何都要去做並且積極實踐自己的選擇，因此才會造成明明是做同一件事情，有的人不斷地感嘆沒時間，卻也有些人每天過得很充實。

首先，請務必認清一天二十四小時都是自己的時間，而且要把無法逃避的麻煩事視為理所當然，還要擁有「無論從天上掉什麼下來，我都會接住」的幹勁。然後想出好對策、能夠做得愉快的方法、能夠簡單完成的方法。麻煩的事、討厭的事也能夠因為這些想法有效地活化了腦子，變成優質的時光。

明明是自己主動開始做的事情，不知不覺間卻變成只是義務，或是帶著負面情緒進行，這種情況頻頻發生。就像感冒一樣，每個人到了某個時候都會出現感冒的症狀。請花點心思在病情更嚴重之前先轉換心情吧。

然後，如果轉換成功的話，請記清楚自己是如何突圍的，並且把同樣的方法應用在某天又出現負面情緒時。

履行義務的感覺和負面情緒，一般認為都是失敗的要素；即使做得不快樂，只要能夠自行從某處引出快樂的心情，就能夠創造出優質時光。

也就是說，優質時光不是被動等待，而是需要主動「創造」。就算你夢想快樂的日子，快樂的日子也不會主動到來。快樂的日子可以由日常瑣事中創造出來。

比方說，接到某人的來電時，不該只是敷衍了事，替對方傳話就好，還要用心投入，讓對方滿意，並且相信你會確實傳話。滿足對方的同時，自己也會感覺充實。

又例如，一件平常在做的日常事物，做得比前一天更順手，或者是在溝通時，能夠說出昨天沒說出口的幽默笑話，這就是在創造優質時光。

Chapter

7.

打造
優質的自己

自己動手打造美麗、健康與人品

優質的物品不見得有錢就能夠買到，比方說，美麗與健康、還有人品，這些都是我們的財富。透過刻意維持與生俱來的資質以及每日的累積，才能夠轉變成如財富般的各種獨特性格。也就是說，這些財富都是由我們自己所創造的。

以不健康的手段追求美麗的話，將會失去部分財富。為了減重而損害健康，或是上了年紀之後放棄了美麗，這些都稱不上是優質人生。滿足物質需求以追求精神安定，卻疏於努力磨練自己，也是同樣道理。

能否找出自己的美，管理好自己的健康，都仰賴你本身的智慧。

「因為如何如何所以沒辦法」這種藉口，就是暴露出自己的智慧不足。感嘆自己沒有資格或天生能力不足也是同樣情況。

從充斥於世界的眾多資訊當中，挑選出適合用來提升自己的事物，需要的也是智慧。將每天的生活變成好習慣，就是創造優質生活，開創優質人生。

如何成為表情美麗的人？

事實上，造就一個人是否美麗，最重要的要素就是表情。特別是隨著年齡增長，平常的表情會逐漸變成一個人固定的樣子，也會決定這個人給人的印象和為人。

表情傳達了一個人在精神上的美麗與健全。因此想要成為表情美麗的人，必須從外在與內在雙方面努力。

首先是眼睛。不管長相如何，燦爛的眼睛會讓人覺得你漂亮。請對著鏡子練習讓眼睛經常充滿光芒。

從鼻子吸入一口氣的瞬間，眼睛就會變大。

其次是微笑。比起憤怒的表情，微笑的臉看起來更漂亮。

在中國的古代文獻裡也曾經提過，皺起眉頭的表情只在少數的美人臉上才好看，而且通常是因為情人眼裡出西施。一般人應該會注意到長相普通者的美好笑容，而不是美人的怒顏。

記得隨時微笑。這並不是說教，奉勸你這麼做是希望你看起來更美。但是，可別在想要發脾氣的時候勉強微笑。被罵的時候更不應該微笑。

首先，對著鏡子練習微笑吧。

看著鏡子，你會發現微笑會動用到臉上許多部位。有時候擺出「優雅」姿態，只揚起唇角微笑，看來像是快要打噴嚏。該怎麼笑才能夠展現自己最漂亮的表情？這就要問問鏡子裡的自己。

如何保持心靈的表情美麗？

想要擁有美麗的笑容，心靈的表情也很重要。有些人儘管自己沒有意識到，但是在旁人看來，總是表現得氣呼呼地。如果人際關係太過緊繃，或是有太多不滿，心靈就會變得貧瘠，並且表露於外。

有時候，有些人誤以為表現「堅毅」才會顯得更知性，事實上那是對於自己的知性感到自卑，從自卑產生的自我防衛表情。這種表情不僅看來像在生氣，也顯得寒酸。拚命地想要隱藏卻還是會外漏的，才是知性。

不滿或想要出人頭地的念頭過於強烈的人，對於小事也會感謝，他們認為即使勉強也要創造出滿足感。事實上，與其因為不甘心失敗而累積壓力，不如乾脆承認失敗就是失敗，然後好好思考下次的作戰計畫，朝著明天前進吧。

一旦養成總是找藉口、把責任轉嫁他人以保護自己的習慣，整個人的表情就會顯得晦澀或痛苦，無論是哪一種表情都無法朝向好的方向邁進。因此最重要的是老實承認失敗，告訴自己與別人「下次一定行」，你的表情就會明亮開朗。

然後，到了晚上，回想當天發生的事情中覺得幸福的事，並提醒自己要用心靈也會感到愉悅的詞彙說給自己聽。心靈會感到愉悅的詞彙多半是感謝的話。在睡前說感謝的話給自己聽，能夠睡得更安穩香甜。

接著，在迎接早晨時，對著鏡子裡的自己說出今天的目標，也可說是快樂的願望。例如：「為了擁有豐富充實的人生、成為成熟的人，我今天也要努力」云云。

從頭到腳散發美麗。如何打造美麗的儀態？

一提到美，一般人往往只注重化妝與髮型，但是在他人眼睛的這面鏡子裡，看見的是你的全身。我們是看一個人的整體，也就是體型和姿勢。無論胖瘦，看起來美或醜都與姿勢有關。有句話說：「一白遮三醜」，事實上姿勢的好壞更能夠遮掩從臉蛋到體型的所有缺點。

漂亮的姿勢與儀態，就足以讓看到的人產生「這個人是美女」的錯覺。而且不是普通的美女，是人品佳又有氣質的美女。再者，正確的姿勢也是健康的起點。

一天要照好幾次的鏡子，所以請選擇能夠照出全身的鏡子，並且要隨時檢查，看看自己是否駝背？行禮的方式如何？走路的方式如何？

能夠端正姿勢、遮掩身體缺點的是肌力。肌力衰退的話，姿勢很難保持正確。肌力不是隨時都能夠鍛鍊。快步健走和啞鈴體操可以鍛鍊肌力。

此外，肌力衰退的話，新陳代謝也會跟著下降，容易變胖。這也是中年發福的原因之一。容易長出小腹的人請利用各種方法進行腹肌的訓練。

姿勢不良、總是駝背的人，必須養成訓練背肌的習慣。坐在椅子上，腳背向前伸展，就能夠伸展背肌。更積極的做法是接受專業的訓練。

夜晚睡覺之前的伸展操，能夠維持美麗與健康。

早上起床前的一分鐘，可做大幅度的伸展，放鬆身體後開始一天的行動。可以模仿狗兒或貓咪的伸展動作。在身體徹底展開行動之前，別做劇烈運動。起床後立刻洗澡，對身體也是一種負擔。

過度運動對身體不好，不過骨骼與肌肉的萎縮，對身體的影響更不好。從年輕時多多養出肌肉，讓骨骼強壯，並且維持它們，才是守護健康的方法，也是維持美麗的方法。

鏡子裡的自己是另外一個自己。

對著鏡子裡的自己微笑、打氣時，自己也會獲得力量。用溫柔的微笑撫慰承受壓力的身體，好好慰勞一下自己吧。

早上請檢查力量是否傳遍全身每個角落，看清楚鏡子裡的現實，記住自己的身體，一整天行動時都想起身體。

每天都找出自己身上漂亮的地方，增加自信，這是只存在於鏡子與自己之間的小秘密，也可以說是個小小的自我滿足。

為了美麗與健康必須養成的生活習慣

不用說，睡眠是維持美麗與健康最基本的原則。不是睡得久就是好，必須早睡早起、睡得深且短，才是好睡眠。

一般常說有運動就會睡得好，不過白天專注於身體訓練的時間如果太長的話，晚上睡著之後，腦子常會處於清醒狀態，無法消除疲勞。因此要等到精神上與身體上的壓力消除之後再睡。

其次是睡覺時要注意保暖。保持雙腳溫暖，以輕鬆的姿勢入睡。為了避免感冒，睡覺時也要注意喉嚨保暖。

可能的話，睡眠時間最好是九十分鐘的倍數，建議你要睡足七個半小時。

飲食也是美麗與健康的基礎。只要想吃的食物能夠吃得津津有味、不挑食就夠了。

日常生活中的飲食盡量自己動手做，遠離加工食品和調理包。使用優質水、優質食用油、以及新鮮食材的話，即使菜色簡單也令人滿足。

早晨能夠攝取充足飲食是最理想的狀態，辦不到的人至少也應該攝取水果、蔬菜、牛奶、優格，或是用這些材料打出來的果汁。打果汁的時候，希望你加入芝麻、黃豆粉，或是蛋白質類的食材。

另外，水果和生菜要在早上到中午這段時間吃；下午到晚上要吃溫熱過的蔬菜，對身體比較好。

晚餐建議在六點到七點之間慢慢品嚐。

在追求美麗與健康的習慣中，還有一點希望各位重視的就是「泡澡」。

泡澡要泡二十分鐘到一個小時，選擇適合自己的時間長度、溫度，並且「泡久一點」。不可以在熱水裡隨便泡兩下就出來，要徹底按摩、放鬆手部與足部，仔細清洗。

尤其是手指的保養，指甲的修整很重要，必須花時間進行。僅僅是漂亮的手指和指甲，就擁有美麗的價值。不僅如此，保養四肢末端還能夠促進血液循環，也是維持健康的重點。

其次是頭髮，最重要的是頭皮清潔，必須徹底按摩清洗頭皮。年輕時或許沒注意到，頭髮在過了四十歲之後也會急速老化。除了白頭髮的數量增加之外，頭髮的光澤也不同。頭髮老化受到了睡眠時間的影響，重視頭髮的人不宜熬夜。

此外，小孩有小孩的味道，年輕人有年輕人的味道，中年人有中年的味道。這些氣味會隨著泡澡及吃香氣佳的食物（桃子或杏桃等）消失。年輕人不需要香水，如果要用也應該選擇香氣清爽的產品。不過隨著年齡增長，我們會漸漸需要適合自己的香水。

至於這一篇文章的最後，我想談談「水」。

美麗與健康的關鍵就是「流動」。為了保持身體健康，吸入新鮮空氣之後，血液會清爽流動到身體每個角落運送養分，排出老舊廢物。因此促進循環，避免淋巴液堵塞很重要。

血液和淋巴液等等在體內流動的東西，如果流動狀況不佳，就會成為損害健康的一大主因。從美容的角度來說，會造成橘皮組織堆積，破壞體型。身體吸收水分，促進血液與淋巴液流動，髒東西再跟著水一起排出體外，這整個過程很重要。

每天應該攝取的標準水量是一．五公升到兩公升。水是一．五公升，其他則從花草茶、綠茶、可可、紅茶、中國茶、咖啡等飲料中攝取。

在早上起床時就要喝夠水，也就是清晨四點到早上九點這段期間；這是為了排出睡覺期間累積在體內的老舊廢物。夜晚睡覺之前也要喝一杯水，可預防睡覺時血液濃度太高。

感冒或身體容易發冷、體溫偏低的人建議飲用熱薑茶（薑磨成泥，加入熱水。加蜂蜜會更順口。加入葛根就是葛根湯，效果更好），可在睡覺時幫助體溫上升，促進新陳代謝，也具有減重效果。

最近，一般人常喝瓶裝礦泉水。如果能使用淨水器把自來水變成優質水，就可以省去購買瓶裝水的開銷和回收的麻煩了。

淨水器能夠去除自來水中含有的有害物質，建議選擇可把自來水轉換成還原水的產品。還原水具有還原氧化物質的能力，並且會在電解（氧化還原）時產生礦物質和活性氧。

如何擁有好人品，進而創造優質人生？

看到人品好的人，一般人往往誤以為他們是天生的；其中當然有一部分是天生的因素，也與成長環境有關，不過多半是他們自己造就出來的結果。人是透過磨練自己的感性，而成就優良的人品。

那麼，優良人品該如何定義？定義的方式很多，不過最主要是「對他人有幫助的人」，並且對此感到喜悅的人。我們生活在與人交往、與社會連結的生活中，從這個角度重新審視自己時，就能夠看見許多過去看不到的事物。

一般來說，我們在人際關係上，總是想要守護自己的立場。但是，請重新冷靜審視自己——你到底為了什麼想要如此守護自己？自己究竟在害怕什麼？現在採取的方法真的有助於保護自己嗎？

首先，別敷衍自己，別為動機模糊的行動或前後矛盾的說詞找藉口，這樣子才能夠找到正確的答案，想法才會變得透徹，並且給予他人好印象。

變更最初的目標或中途改變想法，都是理所當然的情況，只要明確掌握自己的目標，仔細想想哪裡改變了？為什麼改變了？並且告訴其他人理由就可以。如果遭到指責的話，只要道歉並認錯就好，旁人說不定反而會接受你的改變，甚至出手相助。

如果渴望優質人生，最重要的不是彷彿事不關己地說「這也沒辦法」並且放棄，而是要投入其中，抱持著負責的發言產生行動的力量。這裡的力量與其說是精力，更像是意志力。

思考適合優質生活的人品時，千萬別忘了人脈。人活在社會中，少不了人脈。

原生家庭的家風與家族人脈，的確很有幫助；但即使缺乏這類的有效人脈，還是可以靠著個人的人品開創人脈。別人給的人脈只能用一次，但是自己的人品所建立的人脈絕對牢固。

建立人脈的重點在於，人脈不該是為了自己的利益而存在，要把自己變成對那個人脈有利的資源。失去人脈最常見的情況是，儘管你有意珍惜對方，卻因為忙於日常瑣事而錯失表現的機會，或是對於應該常常聯繫的對象疏於關心。

凡事必須積極。若想展現積極，非做不可的事情千萬不要晚點再做。今日事今日畢，這也是小小的積極。我稱之為「瞬間行動」——一發現，就立刻處理。

日常生活中有很多必須忍受的事情、不想做卻非做不可的事情，希望你習慣了之後能夠讓你變得堅強，甚至產生期待。

無論何時都別失去開朗，也別忘了代表著開朗的笑容。所謂的開朗，是指面對任何情況，都能夠快速切換想法，不惜代價努力地朝著開朗的方向、正面積極的方向思考。

模仿日式庭園的流水，做對他人有益的事

日本傳統庭園的樣式中，存在各式各樣現代設計上必備的要素，其中之一就是流水。像瀑布般流動，或是利用石頭改變流動，或是搭橋從上方觀看水流。安排這些時所考慮的要素，基本上與都市、車站、街道、商店街、店內展示等規劃動線時相同。

人類會採取什麼樣的行動？為了什麼原因改變行動？這就是日本庭園樣式中的「流動」。有時候流動順利，有時候碰到某個東西而轉向了，有時停在原地……這些與住宅裡的隔間、房間家具安排形成的居住者動線、住宅裡

的空氣流動，道理都相同。

以「流動」這個關鍵字重新審視各類事物時，你會發現能夠對他人有利，就是發揮自己的功用。有時候我們對於某些事物的執著會導致流動變差，或是流動轉向；除此之外，我們也經常在不知不覺間做出妨礙流動的行為。

正如日本庭園裡影響「流動」的造景石一樣，我們必須在流動中找到自己的立場、以及身為一個人的立場。如果能夠明白自己處於什麼樣的立場、了解相關人事物的立場，所有人都會變得更美好。

自己的立場在每個時期都不同；有時是工作上的立場，有時是家庭裡的立場、住宅的立場，有時是身為社會相關人士的立場，身為日本人、身為地球生物的立場。其他人也同樣有自己的立場。

親子、師生、客人與店員、老闆與員工，所有人都是生而平等的人類，只不過每個人的立場不同。了解彼此的立場並找出因應之道，才能夠讓對方與自己過得更美好，這是說話時尊敬與謙讓的起點，體貼也是由此而生。

後記

Afterword

居住環境是生活的基礎，也是負責讓生活更美好舒適的重要角色。居住環境必須藉由許多設計才能成立。設計不是一種用來促銷商品的附加價值，而是將色彩、形狀、功能等合併為一體之後，讓每個商品變成優質物品，符合使用者的生活。也就是說，設計的用意是實現肉眼看不到的想法。

從事設計這項工作多年，從如何打造與人、與物、與空間更好的關係開始，我持續思考著如何提升食衣住方面的品質。我思考過許多面向，當中以「優質」與「簡單」為主的建議，都整理在這本書中。

不管你從事何種職業、屬於哪個年齡層，都需要健康與美好的感性，而能培養感性的就是舒適的居住空間。舒適兩字也可以換成喜歡。

每個人的喜好儘管不同，不過都有共通之處，那就是美麗與細心。

美麗又細心的物品可以稱之為優質。

而優質的物品需要費心對待。

以現代來說，自助式服務已經很普遍，光是擁有自己能夠負擔的少量優質物品，就能夠「培養感性」，體驗舒適，消除疲勞，維持健康，這是多麼美好的一件事呢！

距離本書最早完成的時間已經超過十五年，隨著社會體制與環境變遷，我認為本書傳遞的想法反而愈來愈重要。這是由於科技發展的速度超越了人性提升的速度，人類甚至因此而劣化了。

社會科技愈進步，愈需要提升人性。我相信每天持續過著優質生活，能夠提升人性。希望書中追求優質生活的方法，多少能夠為各位帶來一些幫助。

——加藤惠美子　於二〇一五年五月，晴朗的早晨

Une Bonne Vie

生活可以簡單，又有質感

人生時間有限，每一天都要過得自在與美好

（《有氣質的簡單生活》新修版）

上質なものを少しだけ持つ生活

作者　加藤惠美子 *Emiko Kato*
譯者　黃薇嬪
行銷企畫　劉妍伶
責任編輯　曾婉瑜
內文構成　賴姵伶
封面設計　周家瑤

發行人　王榮文
出版發行　遠流出版事業股份有限公司
地址　104005 臺北市中山區中山北路 1 段 11 號 13 樓
電話　02-2571-0297
傳真　02-2571-0197
郵撥　0189456-1
著作權顧問　蕭雄淋律師

2023 年 08 月 01 日　二版一刷
定價　平裝新台幣 250 元（如有缺頁或破損，請寄回更換）

ISBN：978-626-361-181-8
遠流博識網　http://www.ylib.com　E-mail: ylib@ylib.com

國家圖書館出版品預行編目 (CIP) 資料

生活可以簡單，又有質感：人生時間有限，每一天都要過得自在與美好 / 加藤惠美子著；黃薇嬪譯 . -- 二版 . -- 臺北市：遠流，2023.08
面；　公分
譯自：上質なものを少しだけ持つ生活
ISBN 978-626-361-181-8(平裝)

1.CST: 家政 2.CST: 生活指導

421.4　　112010482